U0186756

岭南传统建筑装饰提取与传承

◎ 朱向红 著

吉林大学出版社

·长春·

图书在版编目（CIP）数据

岭南传统建筑装饰提取与传承 / 朱向红著 .— 长春：
吉林大学出版社，2022.1
ISBN 978-7-5692-9821-5

Ⅰ．①岭… Ⅱ．①朱… Ⅲ．①古建筑－建筑装饰－建
筑艺术－研究－广东 Ⅳ．①TU-092.2

中国版本图书馆 CIP 数据核字（2022）第 009072 号

书　　名：岭南传统建筑装饰提取与传承
　　　　　LINGNAN CHUANTONG JIANZHU ZHUANGSHI TIQU YU CHUANCHENG

作　　者：朱向红　著
策划编辑：邵宇彤
责任编辑：田　娜
责任校对：张鸿鹤
装帧设计：优盛文化
出版发行：吉林大学出版社
社　　址：长春市人民大街 4059 号
邮政编码：130021
发行电话：0431-89580028/29/21
网　　址：http://www.jlup.com.cn
电子邮箱：jldxcbs@sina.com
印　　刷：定州启航印刷有限公司
成品尺寸：185mm×260mm　　 16 开
印　　张：9.5
字　　数：120 千字
版　　次：2022 年 1 月第 1 版
印　　次：2022 年 1 月第 1 次
书　　号：ISBN 978-7-5692-9821-5
定　　价：59.00 元

版权所有　　翻印必究

前　言

　　岭南传统建筑装饰历经沧海桑田的变迁仍保持各个朝代的印迹。它不像中国北方皇家建筑那样庄严雄直，亦非江南园林水墨画般写意。它描摹神话传说、戏曲故事、市井百态，通透卷曲，色彩绚丽，喜庆吉祥，是中国传统建筑装饰的重要代表。

　　明清时期，广州作为当时唯一的对外贸易口岸，进出口货物汇聚于此。十三行周围商馆林立，能工巧匠云集，大量外商订单推动岭南文化走向多元化。建筑装饰融合当时欧洲盛行的巴洛克、洛可可风格，以彩绘玻璃、拱饰、柱饰等装饰表现出游龙戏蝶、卷草舒花。它们形态通透多变，线条卷曲蔓生，色彩热情夸张，内容密集细腻，无以复加。

　　在"西学东渐"中外文化融合的同时，岭南人开拓进取，坚韧务实，装饰不仅保留了《营造法式》和清工部《工程做法》的典藏样式，还将大量粤剧场景如"唐明皇逛月宫""桃园结义""封神榜""哪吒闹海"等，以石雕、木雕、砖雕、灰塑、陶塑的形式，刻画在室内外梁枋脊饰及墙壁上，情景交融，表现出浓厚的乡土情怀和强烈的民族意识，将岭南文化内化于心，凝聚成强大的精神力量，影响着人们的价值观、思维方式及行为方式，培育世代相传的文化自信，并使这种自信转化为发展的动力。

　　如今，岭南传统建筑像是一颗颗珍贵的"活化石"，在城市化浪潮的冲击下，被不断侵吞消亡。岭南传统建筑技艺日渐式微，后继乏人，面临失传危机。一些传统建筑门庭冷落、无人问津，成为岭南人陌生的故里。针对这一问题，近几年，我们将岭南传统建筑装饰艺术引入课堂，通过实地勘察、3D建模、矢量描摹，提取装饰精髓，设计成文化创意衍生品。越来越多的同学感悟到岭南装饰艺术的欢快活泼，他们满怀自信，不断创作，描绘梦想，传承岭南艺术的感染力，希望以岭南传统艺术助力社会、经济的繁荣和发展。至今，这些创作成果已在国内外竞赛中获奖200余项，申报专利30余项，其中的精华部分将汇聚于本书。希望与您一同欣赏岭南装饰艺术精华，品味其中的喜悦与欢畅！

朱向红

广东工业大学

2021年10月

目 录

第一章　佛山清晖园

图 1　清晖园装饰元素提取

绘图：黄梓莹，卢文娟，丘月婷，石颖，邱柏森，杨亮君，朱向红

图 2　清晖园装饰画

绘图：黄梓莹，卢文娟，丘月婷，石颖，邱柏森，杨亮君，朱向红

图 3 清晖园 U 盘设计
绘图：石颖，黄梓莹，杨亮君，卢文娟，丘月婷，邱柏森，朱向红

图 4　清晖园装饰纹样丝巾及绢扇设计

绘图：邱柏森，俞国安，杨亮君，谢金明，邱伯森，谭嘉铭，朱向红

图 5　清晖园文创产品设计

绘图：李楚冰，郑伙生，张臻，朱向红

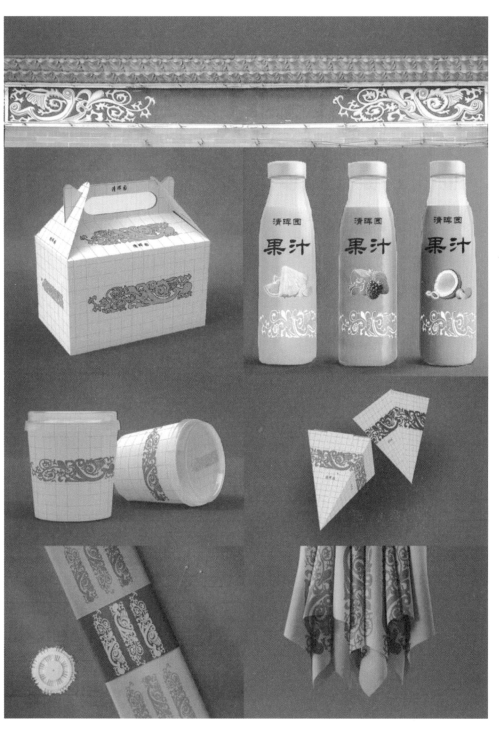

图 6　清晖园装饰纹样食品包装设计

绘图：李楚冰，梁荣耀，曾昭铭，张宇鹏，陈宜羽，朱向红

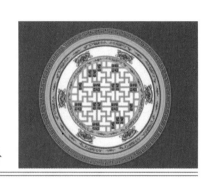

第二章　余荫山房

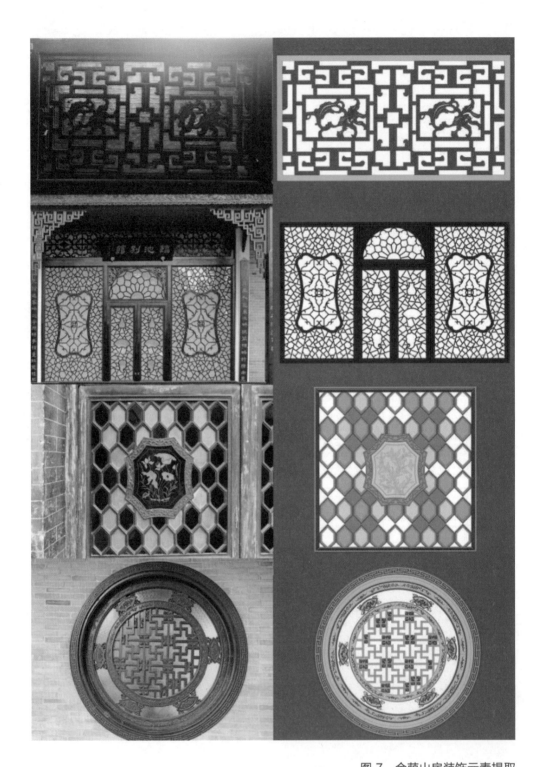

图 7 余荫山房装饰元素提取
绘图：卢梓镖，杨林静，杨希文，邓志文，周丽莉，朱向红

图 8　余荫山房装饰元素满洲窗玻璃贴设计

绘图：梁荣耀，曾昭铭，彭海智，黄杨明，朱向红

余荫山房
礼物

图 9　余荫山房装饰元素磁贴设计
绘图：陈宜羽，肖子斌，邹忠波，蔡泽平，朱向红

图 10 余荫山房装饰元素礼品包装设计
绘图：陈绮琪，成洁仪，林祖怡，黄峰，吴俊杰，朱向红

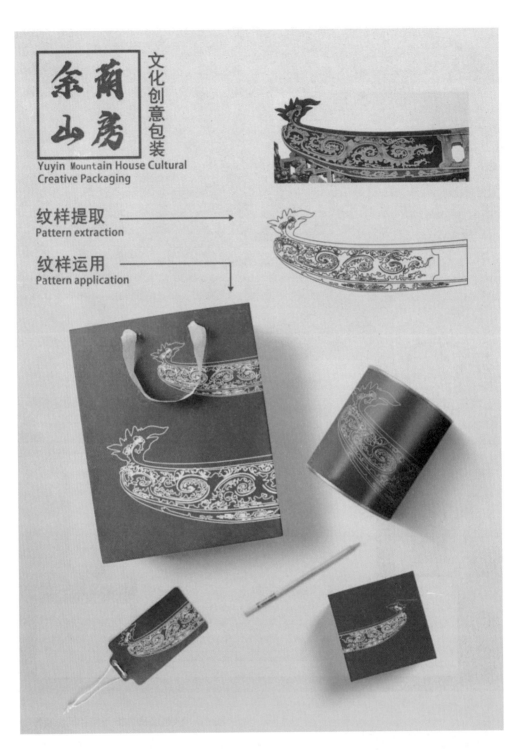

图 11　余荫山房装饰元素包装设计

绘图：黄峰，朱向红

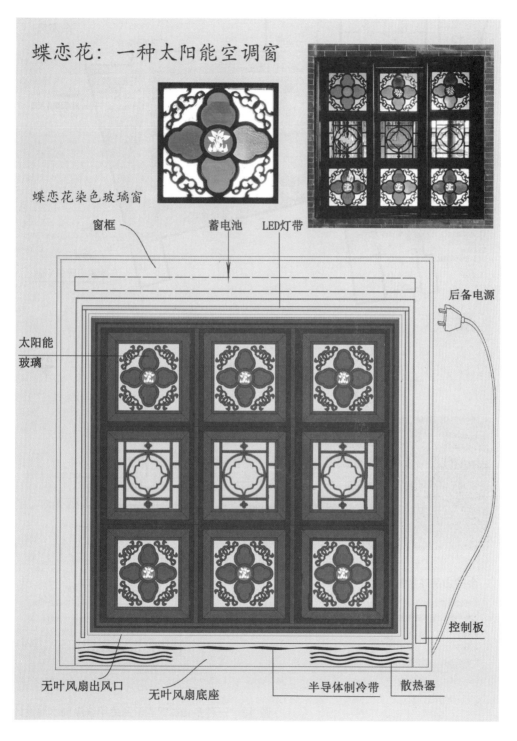

蝶恋花：一种太阳能空调窗

蝶恋花染色玻璃窗

窗框　　　蓄电池　LED灯带

后备电源

太阳能
玻璃

控制板

无叶风扇出风口　　无叶风扇底座　　半导体制冷带　散热器

图 12　太阳能空调窗设计
绘图：朱向红，姜昀彤，黄一鸣，温舒帆，张家梁，王华造，黄宇鹏，杨潮锋 [1]

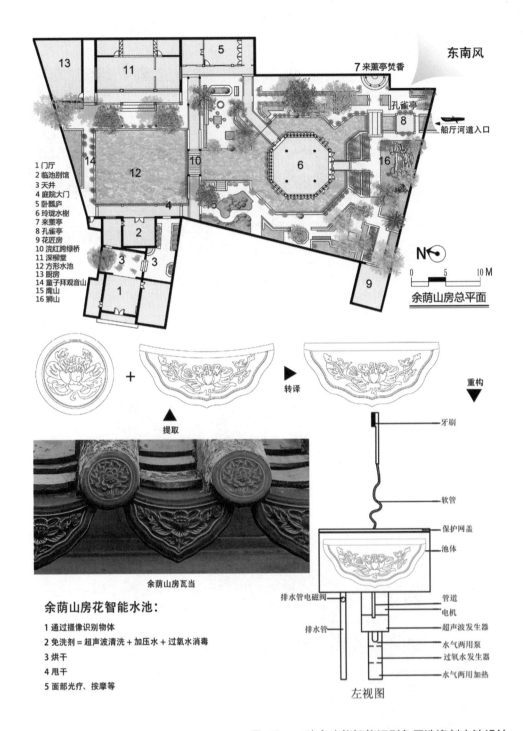

1 门厅
2 临池别馆
3 天井
4 庭院大门
5 卧瓢庐
6 玲珑水榭
7 来薰亭
8 孔雀亭
9 花匠房
10 洗红跨绿桥
11 深柳堂
12 方形水池
13 厨房
14 童子拜观音山
15 鹰山
16 狮山

东南风

7 来薰亭焚香

孔雀亭
船厅河道入口

N

0   5   10 M

余荫山房总平面

提取

+

转译 ▶

重构 ▼

余荫山房瓦当

牙刷

软管

保护网盖
池体

排水管电磁阀

排水管

管道
电机
超声波发生器
水气两用泵
过氧水发生器
水气两用加热

左视图

余荫山房花智能水池：

1 通过摄像识别物体
2 免洗剂 = 超声波清洗 + 加压水 + 过氧水消毒
3 烘干
4 甩干
5 面部光疗、按摩等

图 13 一种多功能智能识别免用洗涤剂水池设计

绘图：朱向红，冯淑娟，黄乐沂，郑伙生，苏诰才，姜昀彤 [2]

图 14 余荫山房蝶恋花主题文创设计

绘图：黄丹珠，冯宝瑶，邹忠波，全丽谨，朱向红

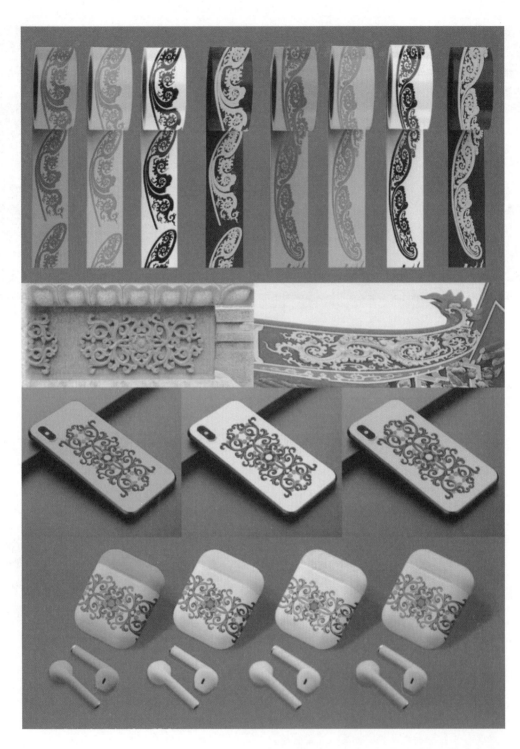

图 15 余荫山房装饰元素文创产品设计

绘图：叶雪雯，杨珊珊，钟宇，梁奋沛，黄杨明，朱向红

图 16　余荫山房装饰元素花窗玻璃贴设计

绘图：杨林静，杨希文，梁倩文，朱向红

图 17　余荫山房装饰画 1

绘图：周丽莉，朱向红

图 18　余荫山房装饰画 2

绘图：黄达宇，朱向红

第三章　佛山梁园

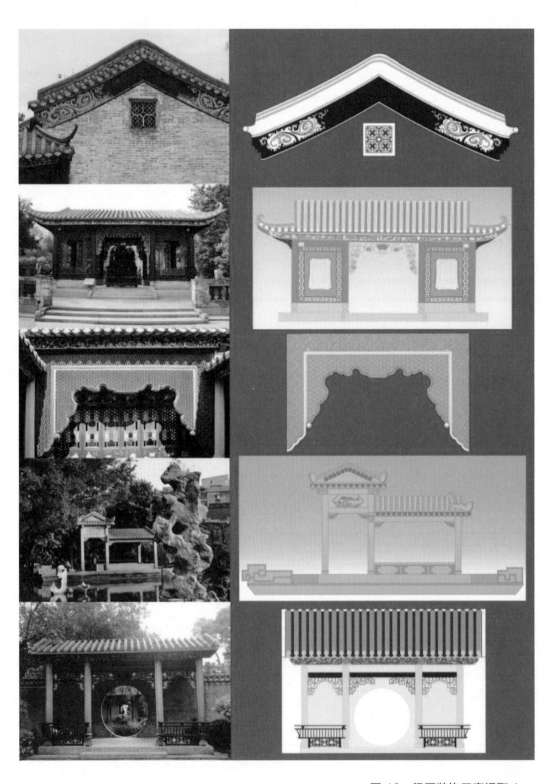

图 19　梁园装饰元素提取 1

绘图：劳立明，陈树佳，郭伟棠，梁伟亮，林宏春，陈彦铭，朱向红

图 20　梁园装饰元素提取 2

绘图：李焯辉，林晓琪，许怡源，刘梓荣，梁庆生，朱向红

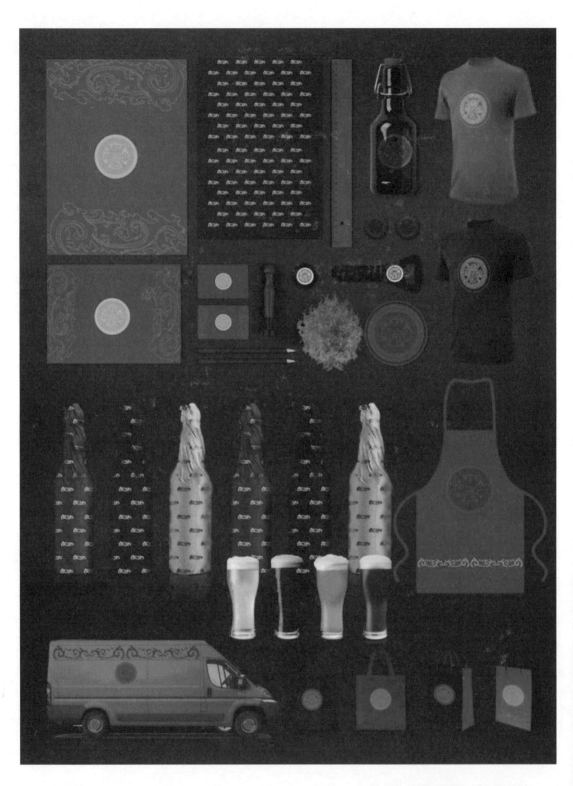

图 21　梁园餐饮文创产品设计
绘图：李焯辉，林晓琪，许怡源，刘梓荣，梁庆生，朱向红

图 22 梁园装饰元素丝巾设计

绘图：陈彦铭，劳立明，陈树佳，郭伟棠，梁伟亮，林宏春，朱向红

图 23　佛山梁园文创产品设计
绘图：林晓琪，李焯辉，许怡源，刘梓荣，梁庆生，朱向红
2021 年获 The 5th Environmental Protection Art Creation Contest 银奖

图 24　佛山梁园瓦当纹钟设计

绘图：许怡源，刘梓荣，梁庆生，李焯辉，林晓琪，朱向红
2021 年获 The 5th Environmental Protection Art Creation Contest 银奖

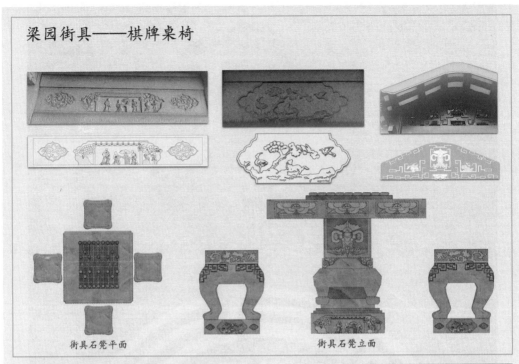

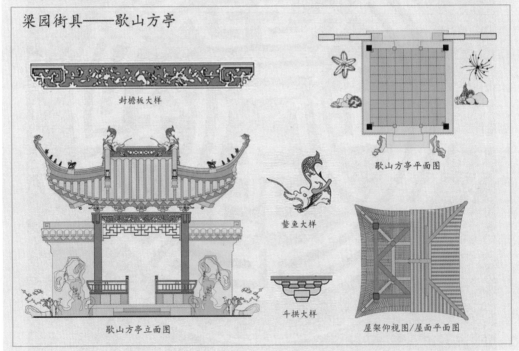

图 25　佛山梁园装饰元素街具设计

绘图：劳立明，梁伟亮，陈树佳，朱向红

2020 年获创新中国空间设计艺术大赛，创新中国最佳创意作品奖 3 等奖

第四章　可园

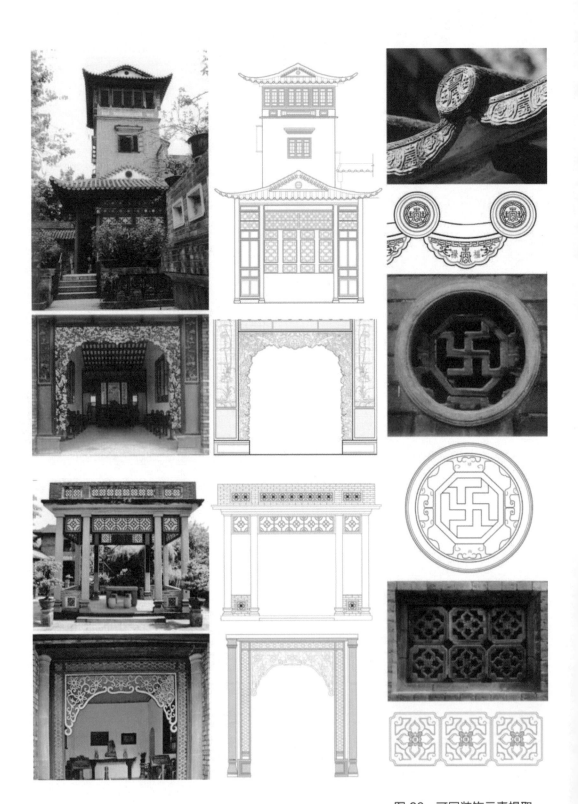

图 26　可园装饰元素提取

绘图：易凯盈，叶雨馨，李靖，庞裕强，朱向红

图 27　可园装饰画

绘图：易凯盈，叶雨馨，李靖，庞裕强，朱向红

第五章　宝墨园

图 28　宝墨园装饰元素提取

绘图：刘洋，聂标，丁琪权，卢正峰，零世强，彭辉熙，朱向红

图 29　宝墨园装饰画

绘图：刘洋，聂标，丁琪权，卢正峰，零世强，彭辉熙，朱向红

图 30　宝墨园千象回廊窗贴设计

绘图：梁奋沛，苏诰才，杨珊珊，叶雪雯，钟宇，朱向红

第六章　万木草堂

图 31　万木草堂装饰元素提取

绘图：陈家如，陈玲，文好贤，罗扬成，刘梓键，朱向红

图 32　万木草堂装饰元素包装设计

绘图：陈玲，陈家如，文好贤，罗扬成，刘梓键，朱向红

图 33　万木草堂火漆印章设计

绘图：陈家如，陈玲，文好贤，罗扬成，刘梓键，朱向红

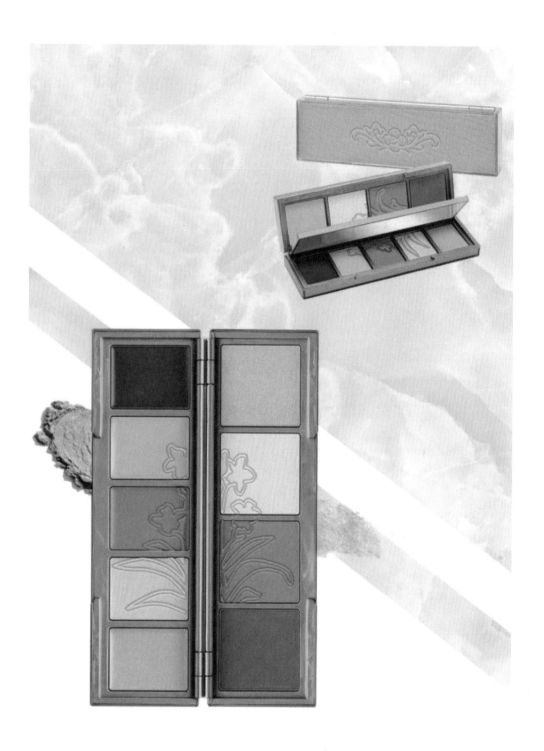

图 34 万木草堂装饰元素眼影盘设计

绘图：陈家如，朱向红

第七章　十香园

图 35　十香园装饰元素提取

绘图：杨武苏，吕东篱，梁锦，温伟晓，陈旖豪，朱向红

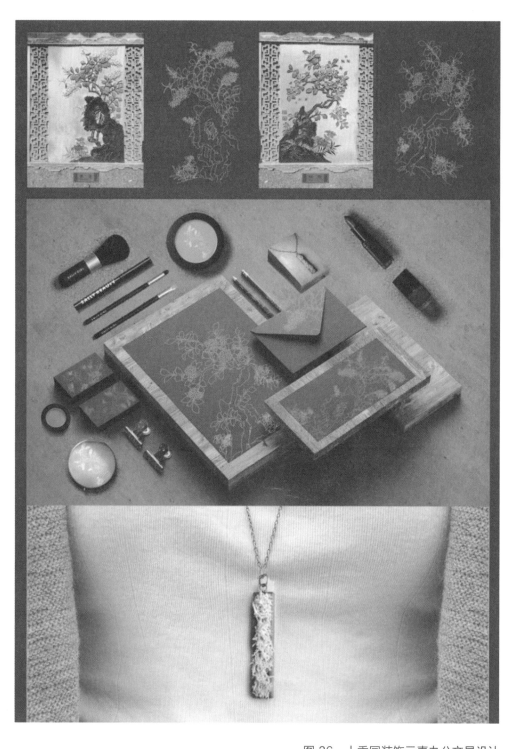

图 36　十香园装饰元素办公文具设计
绘图：杨武苏，吕东篱，梁锦，温伟晓，陈旖豪，朱向红
获 2021 年 The 5th Environmental Protection Art Creation Contest 银奖

第八章　番禺学宫

图 37　番禺学宫装饰元素提取

绘图：彭倩愉，林珊珊，余嘉琳，林梦智，向阳，周雄斌，全成豪，朱向红

图 38　番禺学宫装饰元素文化衫设计
绘图：向阳，彭倩愉，林珊珊，余嘉琳，林梦智，周雄斌，全成豪，朱向红

图 39　番禺学宫装饰图案音响设计

绘图：周雄斌，向阳，彭倩愉，林珊珊，余嘉琳，林梦智，全成豪，朱向红

第九章　庐江书院

图 40　庐江书院装饰元素提取

绘图：周蠡，林立川，黎海玲，陈安桐，朱向红

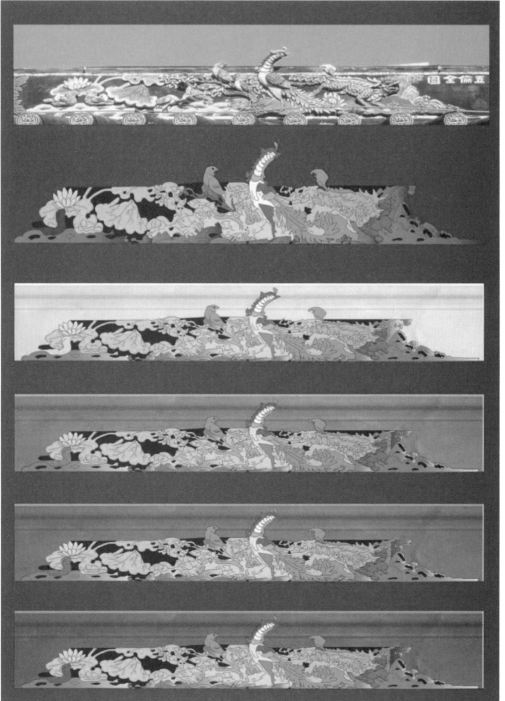

图 41　庐江书院龙凤呈祥纹饰踢脚线设计

绘图：张惠玲，吴守南，周晓菲，徐杨，梁欣，陈志贤，朱向红

2021 年获 The 5th Environmental Protection Art Creation Contest 铜奖

图 42　庐江书院装饰图案滑板设计
绘图：周晓菲，黎海玲，张惠玲，吴守南，徐杨，梁欣，陈志贤，朱向红
2021 年获 The 5th Environmental Protection Art Creation Contest 铜奖

图 43　庐江书院装饰图案包装设计

绘图：周蠡，林立川，黎海玲，陈安桐，朱向红

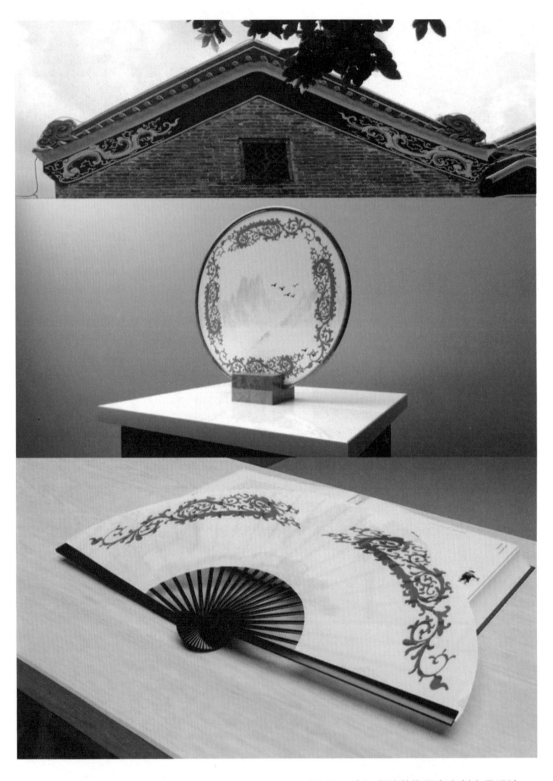

图 44　庐江书院装饰图案文创产品设计

绘图：周蠡，林立川，黎海玲，陈安桐，朱向红

图 45　庐江书院装饰元素化妆品包装设计

绘图：周蠡，林立川，黎海玲，陈安桐，朱向红

第十章　锦纶会馆

锦纶会馆装饰提取

图 46 锦纶会馆装饰元素提取
绘图：林瑞钊，蔡欣怡，梁燕凤，黎子弘，谭惠升，朱向红

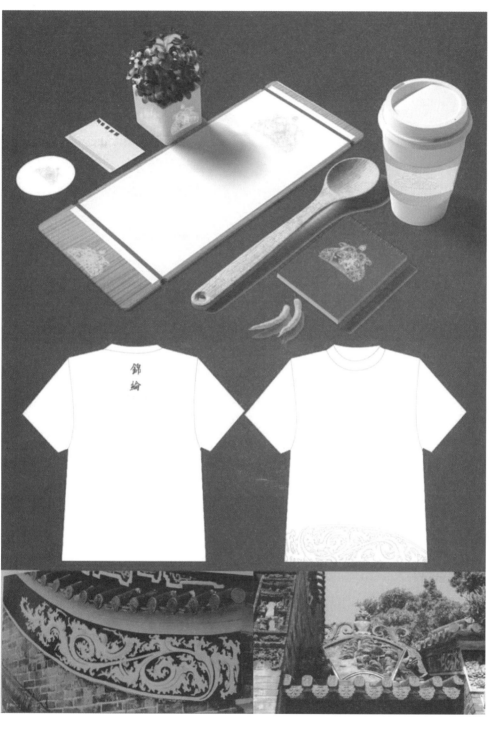

图 47　锦纶会馆装饰图案文创产品设计

绘图：林瑞钊，蔡欣怡，梁燕凤，黎子弘，谭惠升，朱向红

第十一章　陈氏书院

图 48　陈氏书院装饰元素提取

绘图：董日珠，林志坚，赖智林，梁琪庚，周民易，朱向红

图 49 陈氏书院装饰画

绘图：董日珠，林志坚，赖智林，梁琪庚，周民易，朱向红

图 50　陈氏书院装饰元素服饰设计

绘图：柯芝挺，黄振华，杨均善，陈法土，黄明最，朱向红

图 51　陈氏书院装饰元素文创产品设计

绘图：何柳青，郭倩文，田舒琳，肖梅，陈克典，朱向红

2021 年获 The 5th Environmental Protection Art Creation Contest 铜奖

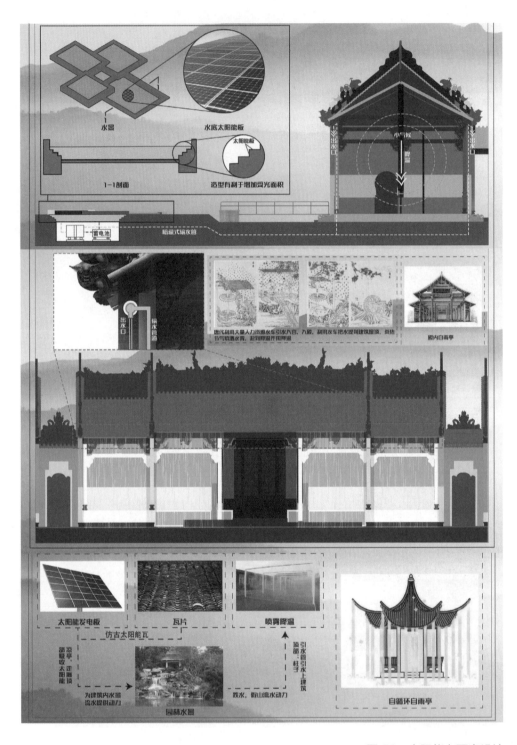

图 52 太阳能自雨亭设计

绘图：林立川，朱向红

图 53　陈氏书院装饰元素文创产品设计

绘图：吴倩妍，肖梅，陈克典，何柳青，郭倩文，田舒琳，朱向红

2021 年获 The 5th Environmental Protection Art Creation Contest 银奖 [3]

第十二章　李氏大宗祠

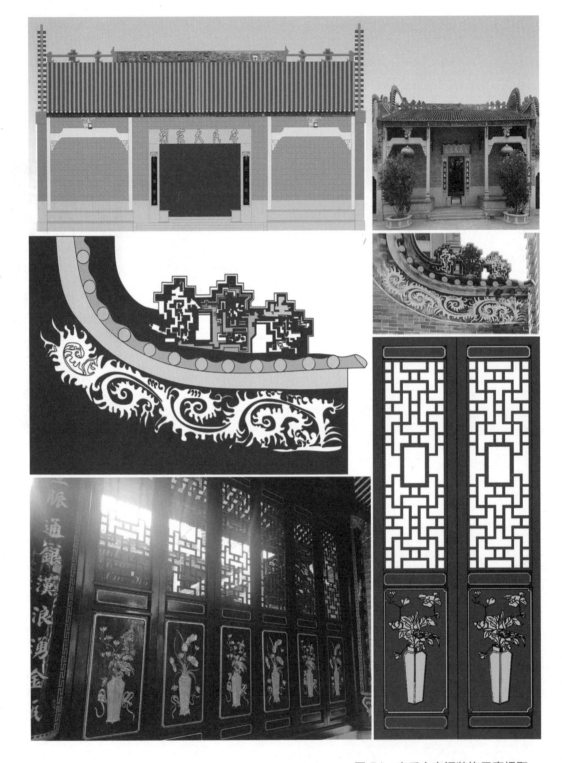

图 54　李氏大宗祠装饰元素提取

绘图：肖礅厚，董家权，陈君豪，梁卓宇，朱向红

图 55　李氏大宗祠文创产品设计

绘图：梁卓宇，朱向红

第十三章　光孝寺

图 56　光孝寺装饰元素提取

绘图：黄灏，黄帷崿，赖均璇，杨绍昌，朱向红

图 57　光孝寺文创产品设计

绘图：黄灏，黄帷幄，赖均璇，杨绍昌，朱向红

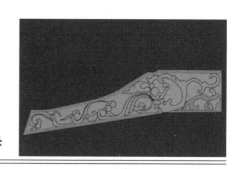

第十四章 华林寺

图 58　华林寺装饰元素提取

绘图：欧伟健，祝文科，植鹭晴，郑康乐，朱向红

可拆分，可组合或单独使用

托盘

茶席

图 59　华林寺装饰元素系列餐具设计
绘图：欧伟健，祝文科，植鹭晴，郑康乐，朱向红

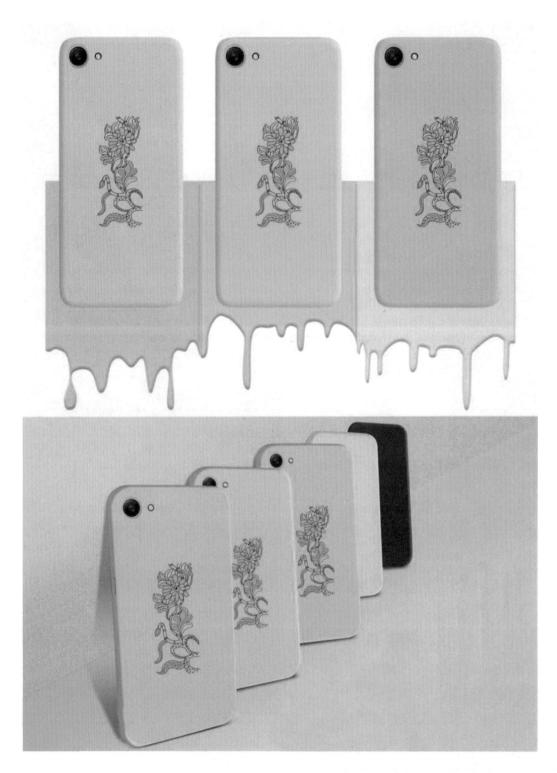

图 60　华林寺装饰元素手机壳设计

绘图：欧伟健，祝文科，植鹭晴，郑康乐，朱向红

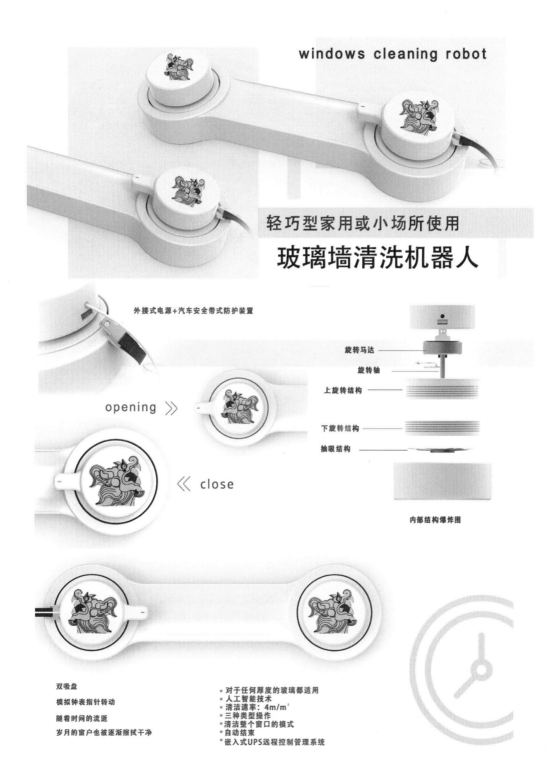

windows cleaning robot

轻巧型家用或小场所使用

玻璃墙清洗机器人

外接式电源+汽车安全带式防护装置

旋转马达
旋转轴
上旋转结构
下旋转结构
抽吸结构

opening »

« close

内部结构爆炸图

双吸盘

模拟钟表指针转动

随着时间的流逝

岁月的窗户也被逐渐擦拭干净

- 对于任何厚度的玻璃都适用
- 人工智能技术
- 清洁速率：4m/m²
- 三种类型操作
- 清洁整个窗口的模式
- 自动结束
- 嵌入式UPS远程控制管理系统

图 61　玻璃墙清洗机器人设计

绘图：王倩兰，朱向红

获 2021 年 BICC 中英国际创意大赛铜奖，获外观专利 [4]

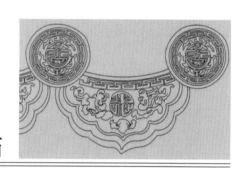

第十五章　仁威庙

图 62　仁威庙装饰元素提取

绘图：莫振熙，张景生，莫小兵，李鑫，朱向红

图 63　仁威庙文创产品设计

绘图：莫振熙，张景生，莫小兵，李鑫，朱向红

第十六章　佛山祖庙

图 64 佛山祖庙装饰元素提取

绘图：冯淑娟，徐嘉利，林翠薇，黄乐沂，张富威，朱向红

图 65　佛山祖庙装饰元素长丝巾设计

绘图：徐燕婷，宾东星，辛怡，叶童，吴云轿，郑德旭东，朱向红

图 66　佛山祖庙文创产品设计 1

绘图：陈锦成，黄浩阳，朱向红

获 2021 年 BICC 中英国际创意大赛铜奖

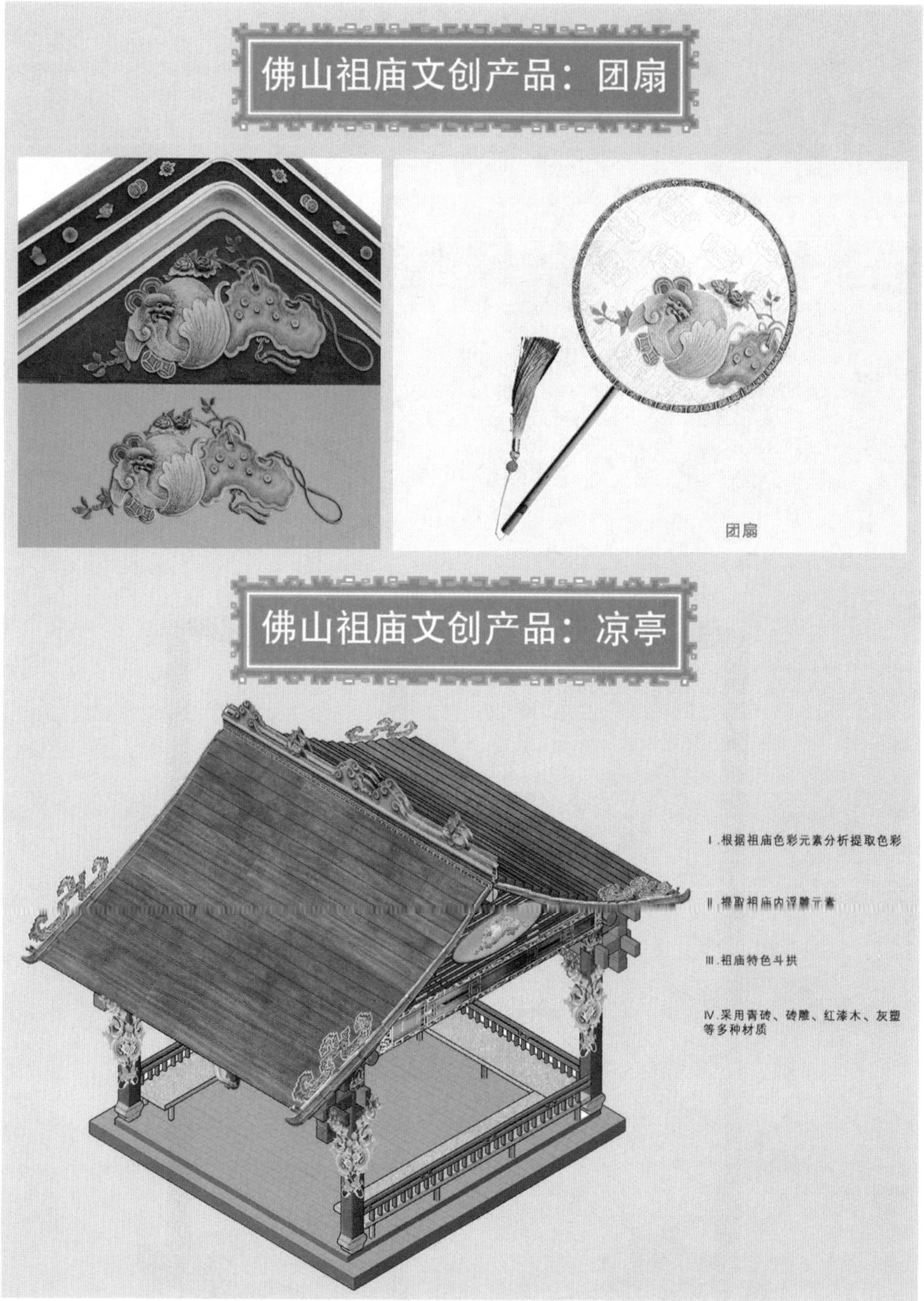

佛山祖庙文创产品：团扇

团扇

佛山祖庙文创产品：凉亭

Ⅰ.根据祖庙色彩元素分析提取色彩

Ⅱ.摘取祖庙内浮雕元素

Ⅲ.祖庙特色斗拱

Ⅳ.采用青砖、砖雕、红漆木、灰塑等多种材质

图 67　佛山祖庙文创产品设计 2
绘图：麦月玉，朱向红
获 2021 年 BICC 中英国际创意大赛铜奖

图 68　佛山祖庙鳌鱼灯设计

绘图：黄浩阳，卢文娟，朱向红

获 2021 年 BICC 中英国际创意大赛铜奖

系列灯具（街具、家具）设计

·灯具设计提取佛山祖庙的岭南装饰元素——麒麟、木雕和亭子；

·灯具的材质采用金色金属和钢化磨砂玻璃，通过元素的装饰组合传承了祖庙的岭南特色。

麒麟

木雕

亭子

壁灯

挂灯

地灯

路灯

靈應

图 69　佛山祖庙装饰元素灯具及包装设计
绘图：林翠薇，冯淑娟，徐嘉利，黄乐沂，张富威，朱向红

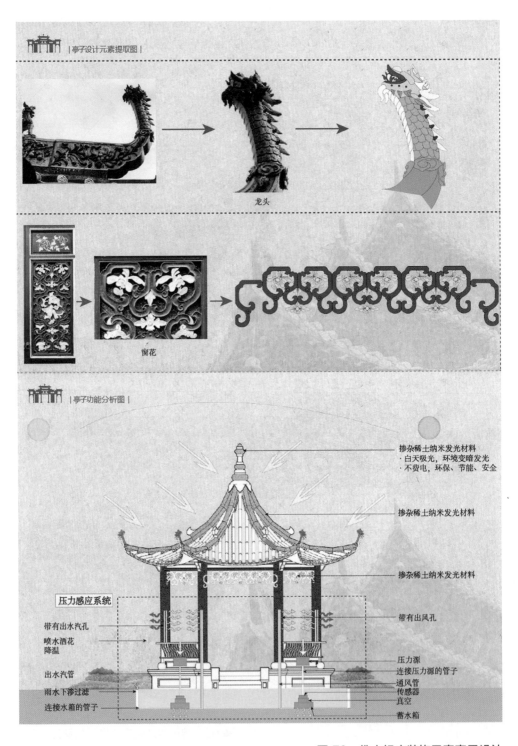

图 70　佛山祖庙装饰元素亭子设计
绘图：冯淑娟，徐嘉利，林翠薇，黄乐沂，张富威，朱向红

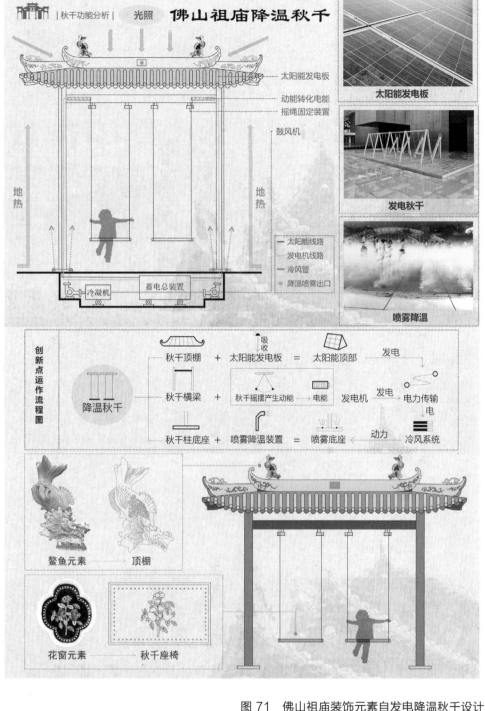

图 71 佛山祖庙装饰元素自发电降温秋千设计

绘图：徐嘉利，朱向红

第十七章　南海神庙

印章

茶饼包装

茶叶包装

图 72 南海神庙文创产品设计

绘图：林欢裕，王康企，林泽帆，毛志钊，吴景文，朱向红

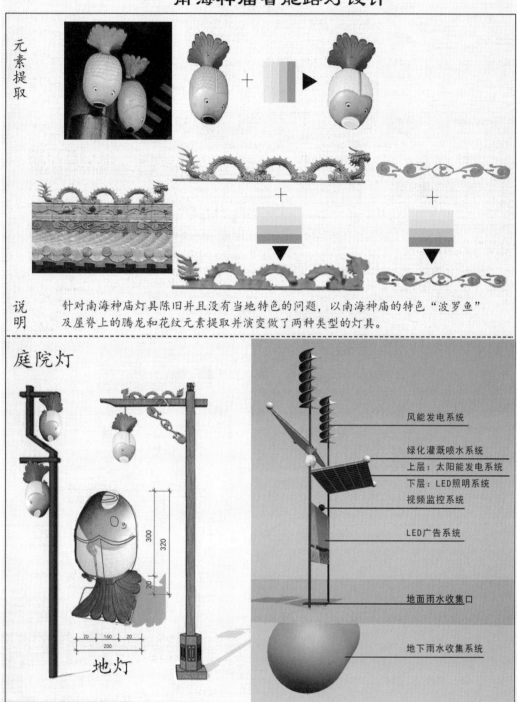

南海神庙智能路灯设计

元素提取

说明 针对南海神庙灯具陈旧并且没有当地特色的问题，以南海神庙的特色"波罗鱼"及屋脊上的腾龙和花纹元素提取并演变做了两种类型的灯具。

庭院灯

300
320
20

20 160 20
200

地灯

风能发电系统
绿化灌溉喷水系统
上层：太阳能发电系统
下层：LED照明系统
视频监控系统
LED广告系统
地面雨水收集口
地下雨水收集系统

图 73　南海神庙装饰元素街灯设计

绘图：林欢裕，王康企，林泽帆，毛志钊，吴景文，朱向红

第十八章　五仙观

图 74　五仙观装饰元素提取

绘图：潘琬荧，彭倩婷，余春草，李雨昕，张垒，朱向红

图 75　五仙观瓦当纹饰元素茶具套装

绘图：余春草，李雨昕，张垒，潘琬荧，彭倩婷，朱向红

2021 年获 The 5th Environmental Protection Art Creation Contest 银奖

图 76　五仙观装饰元素药膳包装

绘图：彭倩婷，余春草，李雨昕，张垒，潘琬荧，朱向红

2021 年获 The 5th Environmental Protection Art Creation Contest 银奖

图 77　五仙观文创产品设计

绘图：黄文轩，黄丽婷，叶灿培，朱向红

图 78　五仙观装饰元素文具套装设计 1
绘图：黄丽婷，黄文轩，叶灿培，朱向红

图 79 五仙观装饰元素美甲套装设计
绘图：黄丽婷，黄文轩，叶灿培，朱向红

图 80　五仙观装饰元素餐具套装设计

绘图：黄丽婷，黄文轩，叶灿培，朱向红

图 81　五仙观装饰元素瓷器设计

绘图：黄文轩，黄丽婷，叶灿培，朱向红

图 82　五仙观装饰元素徽章设计

绘图：黄文轩，黄丽婷，叶灿培，朱向红

图 83　五仙观装饰元素文具套装设计 2

绘图：黄文轩，黄丽婷，叶灿培，朱向红

图 84　五仙观装饰元素文具套装设计 3
绘图：黄文轩，黄丽婷，叶灿培，朱向红

第十九章　三元宫

图 85　三元宫装饰元素提取

绘图：李宇斌，凌玲，李佳雯，伍淑婷，朱向红

图 86　三元宫装饰元素文具设计

绘图：李宇斌，凌玲，李佳雯，伍淑婷，朱向红

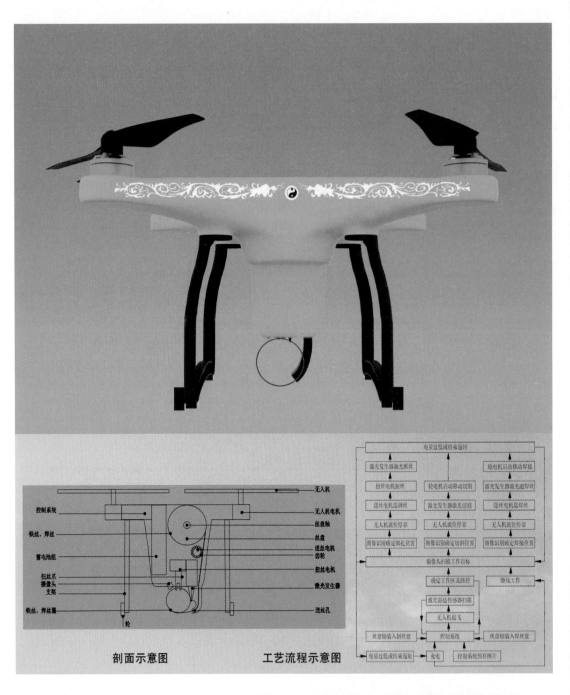

剖面示意图　　　　　　工艺流程示意图

图 87　一种智能切割、焊接、绑扎钢筋的装置设计
绘图：朱向红，黄杨明，张富威，徐嘉利，林翠薇，姜昀彤 [5]

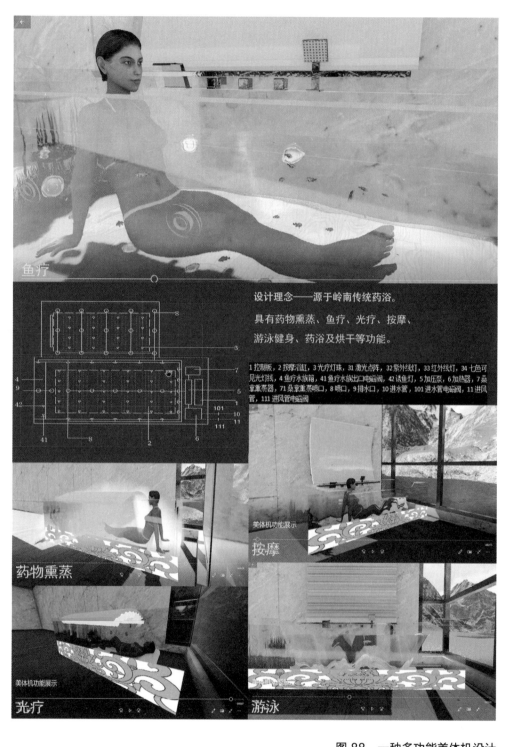

图中文字：

鱼疗

设计理念——源于岭南传统药浴。

具有药物熏蒸、鱼疗、光疗、按摩、
游泳健身、药浴及烘干等功能。

1控制板，2按摩浴缸，3光疗灯珠，31激光点阵，32紫外线灯，33红外线灯，34七色可见光灯珠，4鱼疗水族箱，41鱼疗水族出口电磁阀，42诱鱼灯，5加压泵，6加热器，7桑拿熏蒸器，71桑拿熏蒸喷口，8喷口，9排水口，10进水管，101进水管电磁阀，11进风管，111进风管电磁阀

美体机功能展示
按摩

药物熏蒸

美体机功能展示
光疗

游泳

图 88　一种多功能美体机设计

绘图：朱向红，杨亮君，丘月婷，邱柏森，石颖，黄梓莹 [6]

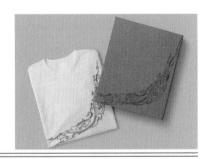

第二十章　广州粤剧艺术博物馆

图 89　粤剧艺术博物馆包装设计

绘图：曾瑨，李庚，陈晟，吴国沣，朱向红

2021 年获 The 5th Environmental Protection Art Creation Contest 银奖

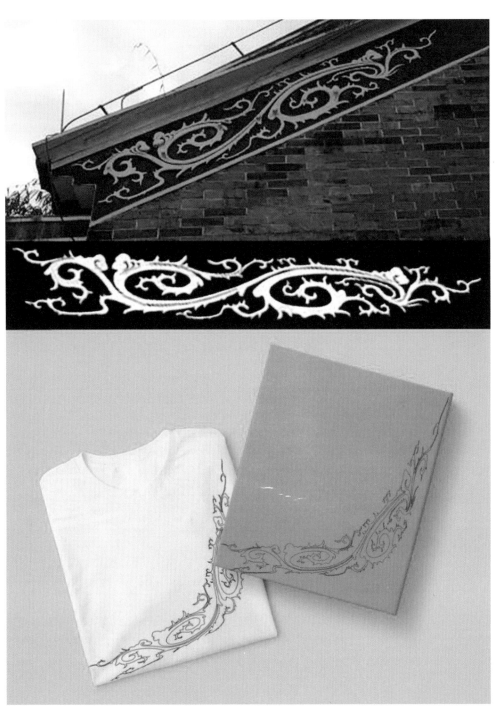

图 90　粤剧艺术博物馆 T 恤设计
绘图：陈晟，曾瑨，李庚，吴国沣，朱向红
2021 年获 The 5th Environmental Protection Art Creation Contest 银奖

第二十一章　沙湾古镇

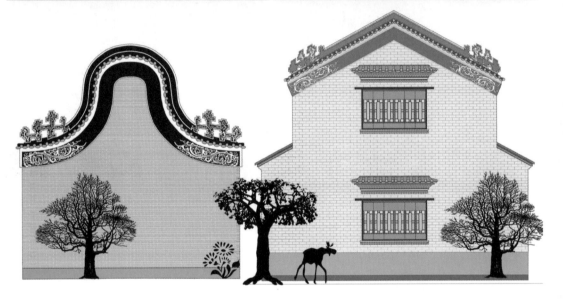

图 91　沙湾古镇建筑装饰元素提取

绘图：谭嘉铭，谢金明，俞国安，石锦俊，岑少杰，朱向红

2021 年获 The 5th Environmental Protection Art Creation Contest 银奖

图 92　沙湾古镇留耕堂装饰元素文创产品
绘图：梁文静，林寿高，胡欣，范丽芸，辛业密，朱向红
2021 年获 The 5th Environmental Protection Art Creation Contest 银奖

图 93　沙湾古镇留耕堂徽章及挂件

绘图：梁文静，林寿高，胡欣，范丽芸，辛业密，朱向红

2021 年获 The 5th Environmental Protection Art Creation Contest 银奖

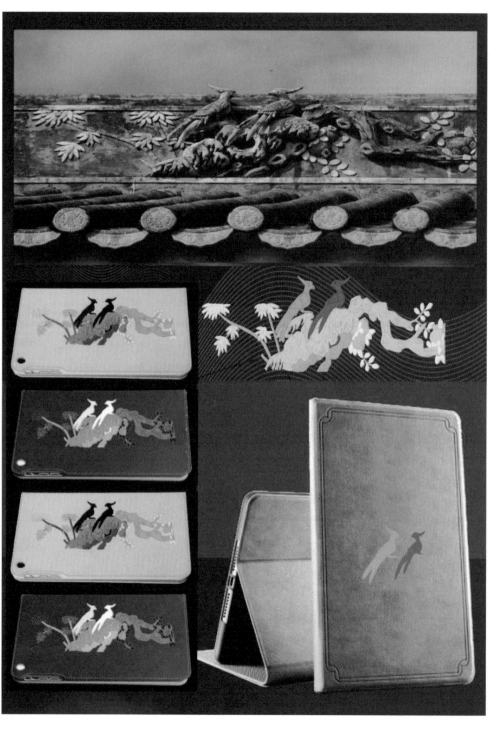

图 94　沙湾古镇留耕堂文创产品

绘图：辛业密，梁文静，林寿高，胡欣，范丽芸，朱向红

2021 年获 The 5th Environmental Protection Art Creation Contest 银奖

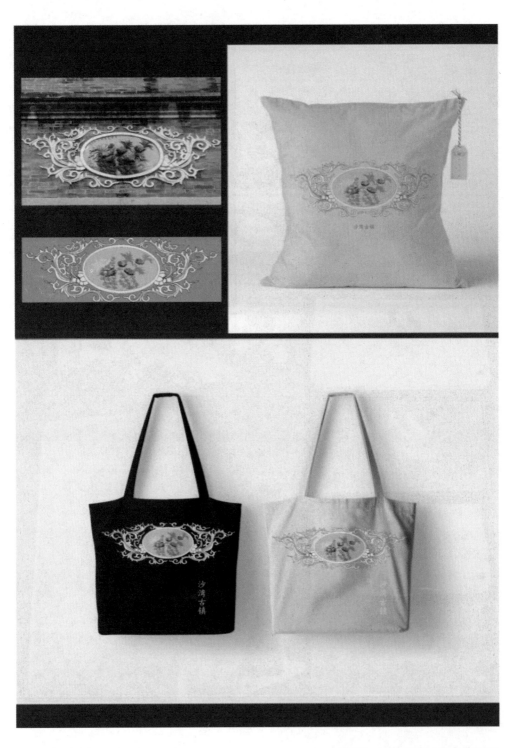

图 95 沙湾古镇文创产品设计

绘图：石锦俊，丘月婷，朱向红

第二十二章　小洲村

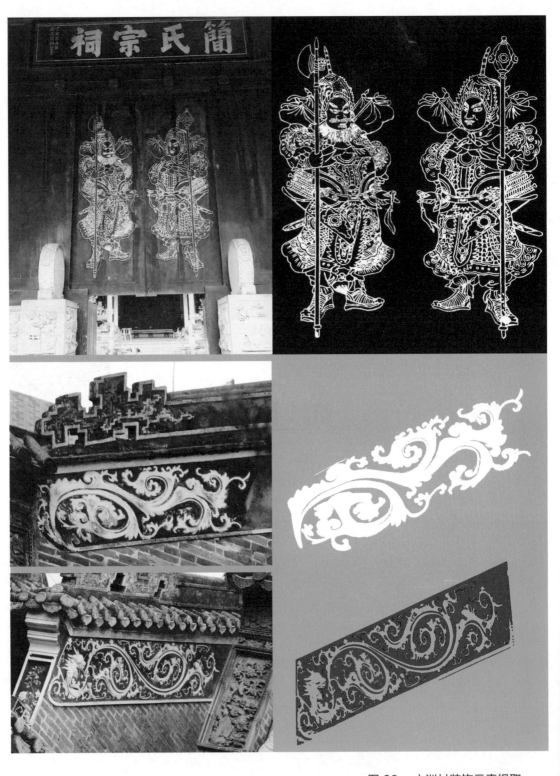

图 96　小洲村装饰元素提取

绘图：冯友杨，马文海，周锶润，余建承，魏昱霖，朱向红

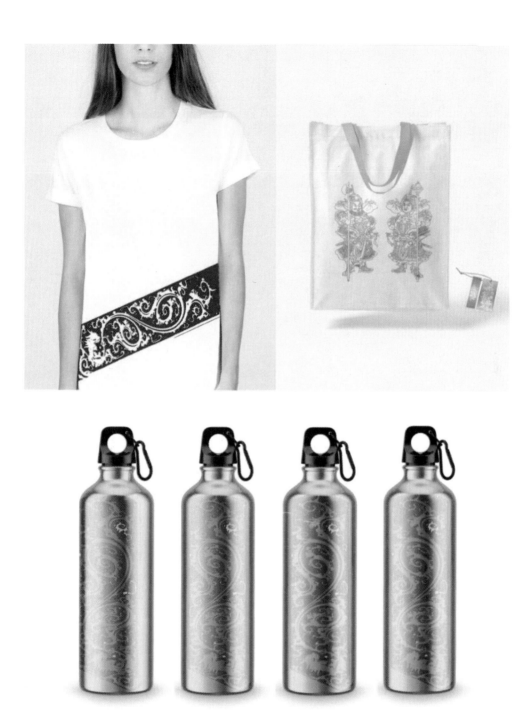

图 97　小洲村简氏宗祠文创产品

绘图：冯友杨、马文海、周锶润、余建承、魏昱霖，朱向红

2021 年获 The 5th Environmental Protection Art Creation Contest 银奖

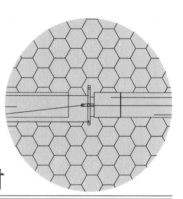

第二十三章　莲塘村

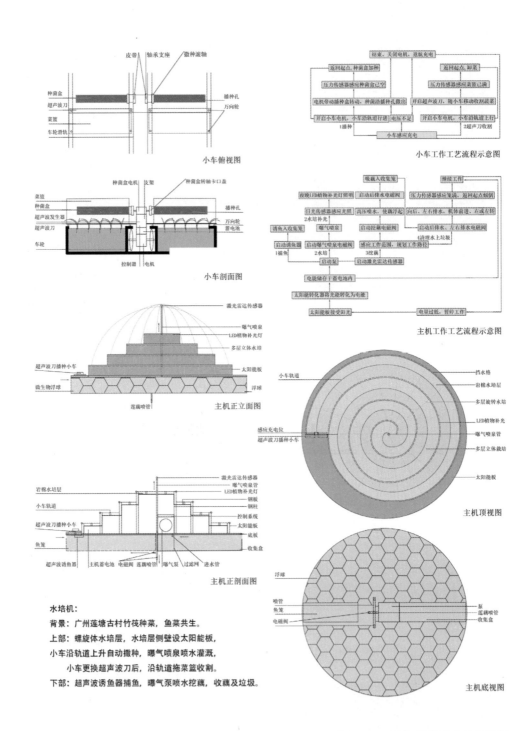

水培机：

背景：广州莲塘古村竹筏种菜，鱼菜共生。

上部：螺旋体水培层，水培层侧壁设太阳能板，
　　　小车沿轨道上升自动撒种，曝气喷泉喷水灌溉，
　　　小车更换超声波刀后，沿轨道拖菜篮收割。

下部：超声波诱鱼器捕鱼，曝气泵喷水挖藕，收藕及垃圾。

图 98　一种智能鱼塘水培机设计

绘图：朱向红，彼得·凯利，罗德·威廉斯，弗朗索瓦·杜克，李新龙，吴倩妍，辛泽坚，刘嘉怡 [7]

第二十四章　黄埔古港

黄埔古港建筑风格：

青砖建筑，花岗岩墙裙、硬山式建筑屋顶铺砌灰绿筒瓦顶，风火山墙卷草纹装饰；石柱、石枋、梁架上雕刻狮子、如意、龙、花鸟、人物等形态，雕刻风格粗犷，墙身彩绘装饰内容丰富，色彩艳丽。

广州黄埔古港遗风石牌坊　　　　灰塑：双凤朝阳　　　　灰塑：博古纹脊饰及彩绘檐画

雀替石雕：鹿回头　　　　楔头砖雕：官员出巡图　　　　封檐板木雕：白玉兰

瓦当及滴水陶塑：金玉满堂　　　　灰塑：卷草纹　　　　花卉纹石刻

楔头灰塑：龙五子狻猊　　　　夔龙纹石雕　　　　石雕：狮子滚绣球

图 99　黄埔古港装饰

摄影：胡佳伟，李洽洵，梁禧明，曾祺敏，史雪雨，朱向红

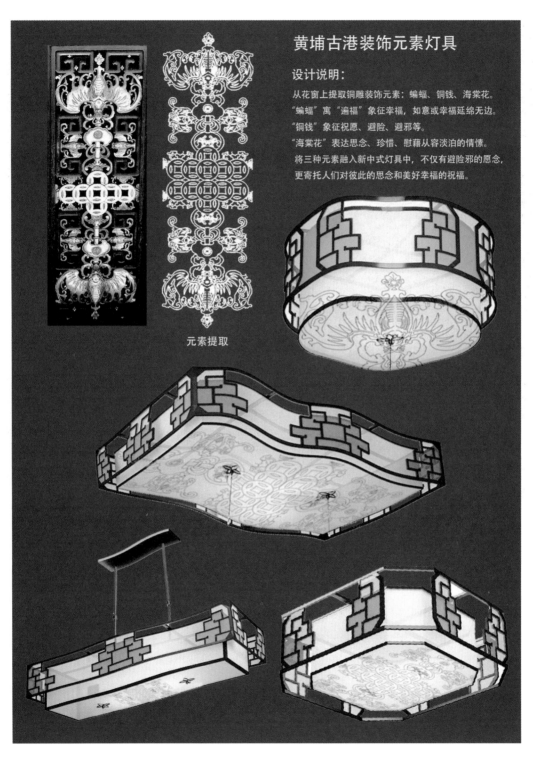

黄埔古港装饰元素灯具

设计说明：

从花窗上提取铜雕装饰元素：蝙蝠、铜钱、海棠花。
"蝙蝠"寓"遍福"象征幸福，如意或幸福延绵无边。
"铜钱"象征祝愿、避险、避邪等。
"海棠花"表达思念、珍惜、慰藉从容淡泊的情愫。
将三种元素融入新中式灯具中，不仅有避险邪的愿念，
更寄托人们对彼此的思念和美好幸福的祝福。

元素提取

图 100　黄埔古港装饰元素灯具

绘图：胡佳伟，李洽洵，梁禧明，曾祺敏，史雪雨，朱向红

2021 年获 The 5th Environmental Protection Art Creation Contest 铜奖

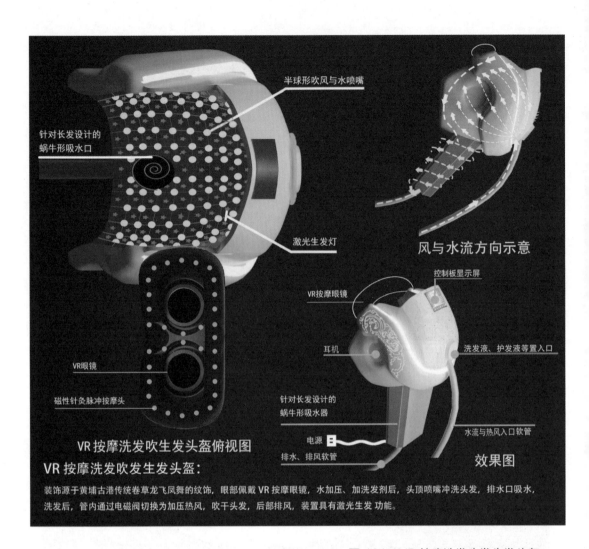

半球形吹风与水喷嘴

针对长发设计的
蜗牛形吸水口

激光生发灯

风与水流方向示意

VR按摩眼镜

控制板显示屏

耳机

洗发液、护发液等置入口

VR眼镜

针对长发设计的
蜗牛形吸水器

水流与热风入口软管

磁性针灸脉冲按摩头

电源

排水、排风软管

效果图

VR 按摩洗发吹生发头盔俯视图

VR 按摩洗发吹发生发头盔：

装饰源于黄埔古港传统卷草龙飞凤舞的纹饰，眼部佩戴 VR 按摩眼镜，水加压、加洗发剂后，头顶喷嘴冲洗头发，排水口吸水，
洗发后，管内通过电磁阀切换为加压热风，吹干头发，后部排风，装置具有激光生发 功能。

图 101　VR 按摩洗发吹发生发头盔

绘图：朱向红，姜昀彤，辛泽坚，黄举文，何文昱，李金泽，梁家泳，妃花 [8]

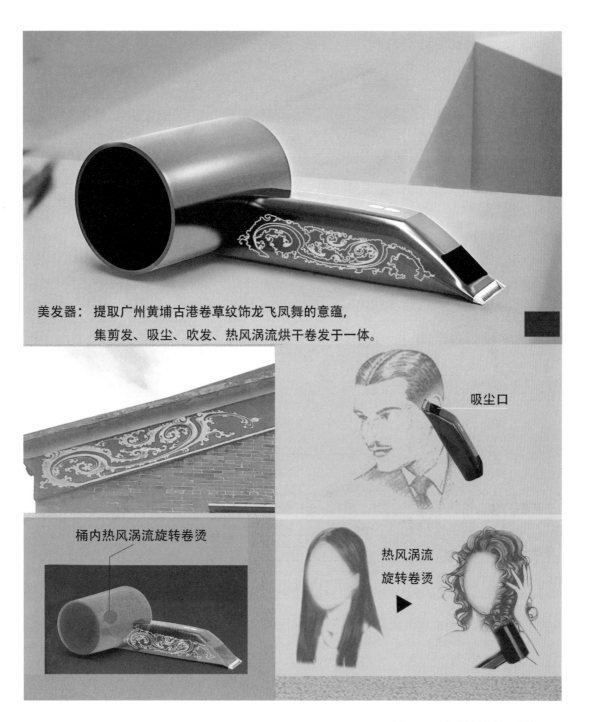

美发器：提取广州黄埔古港卷草纹饰龙飞凤舞的意蕴，
集剪发、吸尘、吹发、热风涡流烘干卷发于一体。

吸尘口

桶内热风涡流旋转卷烫

热风涡流
旋转卷烫

图 102　多功能美发器设计

绘图：朱向红，陈泽瀚，廖志伟，张洁媛，刘金妮 [9]

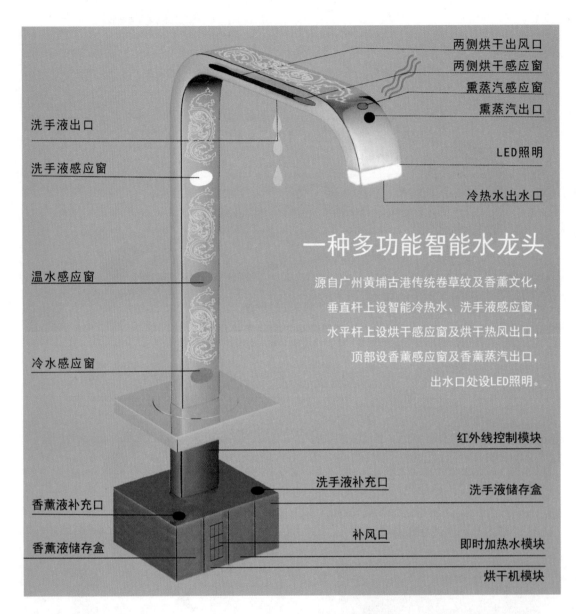

两侧烘干出风口

两侧烘干感应窗

熏蒸汽感应窗

熏蒸汽出口

LED照明

冷热水出水口

洗手液出口

洗手液感应窗

温水感应窗

冷水感应窗

一种多功能智能水龙头

源自广州黄埔古港传统卷草纹及香薰文化，
垂直杆上设智能冷热水、洗手液感应窗，
水平杆上设烘干感应窗及烘干热风出口，
顶部设香薰感应窗及香薰蒸汽出口，
出水口处设LED照明。

红外线控制模块

洗手液补充口

洗手液储存盒

香薰液补充口

补风口

即时加热水模块

香薰液储存盒

烘干机模块

图 103　多功能智能水龙头设计

绘图：朱向红，姜昀彤 [10]

参考文献

[1] 朱向红, 姜昀彤, 黄一鸣 . 一种太阳能空调窗 : 中国 CN201910543705.0[P]. 2019-06-21

[2] 朱向红, 冯淑娟, 黄乐沂等 . 一种多功能智能识别免用洗涤剂的水池 : 中国 CN 202010119946.5[P]. 2020-02-26.

[3] 吴倩妍 . 胶带 : 中国 CN201930644675.3[P], 2019-03-06.

[4] 赵坚, 宁凡, 王倩兰等 . 玻璃墙清洗机器人 : 中国 CN 201930353326.6[P]. 2019-03-03.

[5] 朱向红, 黄杨明, 张富威等 . 一种智能切割、焊接、绑扎钢筋的装置及其控制方法 : 中国 CN202010168198[P]. 2020-03-11.

[6] 朱向红, 杨亮君, 丘月婷等 . 一种多功能美体机 : 中国 CN 201911220466.1[P]. 2019-12-03.

[7] 朱向红, 彼得.凯利、罗德.威廉斯等 . 一种智能鱼塘水培机 : 中国 202010485443 .X[P]. 2020-06-01.

[8] 朱向红, 姜昀彤, 辛泽坚等 . 一种 VR 按摩洗发吹发生发头盔 : 中国 CN 201910464563.9[P]. 2019-05-30.

[9] 朱向红, 陈泽瀚, 廖志伟等 . 一种美发器 : 中国 CN201911240 226.8 [P]. 2019-12-06.

[10] 朱向红, 姜昀彤 . 一种多功能智能水龙头 : 中国 CN201811401109.0[P]. 2018-11-22.